太空生存指南

What's It Like in Space?
STORIES FROM ASTRONAUTS WHO'VE BEEN THERE

［美］阿里尔·瓦尔德曼（Ariel Waldman）◎著

［美］布莱恩·斯坦福（Brian Standeford）◎插图

黄 月　苟利军◎译

浙江人民出版社
ZHEJIANG PEOPLE'S PUBLISHING HOUSE

十问太空私生活

1. 有些第一次乘坐航天飞机的宇航员声称，他们在太空中经历了神秘的头痛事件。你知道是为什么吗？

    A. 因为失重、缺氧、辐射

    B. 离开地球的恐惧

    C. 咖啡因脱瘾症

    D. 外星人搞的鬼

2. 宇航员中间流传着这样一句话："如果你去太空，一定要去 4 天以上。"为什么？

    A. 天数少了，脸会肿得像月亮一样

    B. 4 天之后，就不会呕吐了

    C. 4 天之后，重力能恢复正常

    D. 4 天之后，才能开始进行精确的观测

3. 宇航员里德·怀斯曼在驻扎国际空间站期间曾发过一条推特："太空，第 52 天：昨天晚上我做了第一个反梦，我梦见回到了地球，重力不太正常。"返回地球后，他还在做这样的反梦，不过很快反梦就消失了。猜猜看，他在回到地球多久之后不再做反梦了？

    A. 一周

    B. 4 天

    C. 5 天

    D. 10 天

4. 《银河系漫游指南》中曾提到："对于星际游客而言，一条毛巾的确是最有用的东西。"那你知道是为什么吗？

    A. 在太空里，宇航员会一直出汗

    B. 在太空里，毛巾是最便捷的抗击失重的锻炼器材

    C. 宇航员的呕吐物会飞到脸上，不得不随时擦脸

    D. 这是一个传统

5. 对于太空何味，可谓众说纷纭。有人说，太空闻起来像焊接东西时甜丝丝的烟雾；有人说，太空闻起来像烤焦的杏仁饼干；有人说，太空闻起来像在雪地里打了一个滚之后的湿衣服。那么太空味道的元凶是谁呢？猜猜看。

    A. 臭氧

    B. 二氧化碳

    C. 一种新的未经人类观测到的气体

    D. 多环芳烃

6. 太空无小事。宇航员在太空中，就算打喷嚏都要小心翼翼，因为一个小喷嚏，都会让宇航员的身体处在危险之中。你觉得，喷嚏会引起什么身体反应？

    A. 暂时失明

    B. 暂时缺氧

    C. 暂时昏厥

    D. 暂时失声

7. 在太空中，宇航员每天要锻炼两个半小时，以对抗微重力环境下人体骨骼密度和肌肉质量的流失。但你知道国际空间站中的健身脚踏车是什么样吗？

    A. 没有车把手，也没有车座

    B. 没有横梁

    C. 在车座上增加了一个固定器，以抵御微重力

    D. 特制的脚蹬

8. 即便居于太空已经将宇航员与大部分世界隔绝开来，但空间站里并没
有私人空间，尤其是男女共处一室时，不免有些尴尬。那你知道，宇
航员们通过在舱门口挂什么来表示"请勿打扰"吗？

    A. 一条毛巾

    B. 一个写着"请勿打扰"的特制牌子

    C. 随意的一件衣物

    D. 像装点圣诞树一样，挂一只袜子

9. 在太空中，食物要么被做成涂有食用胶的立方体形状，要么被装进管
子里。你知道这是为什么吗？

    A. 因为这样食用比较方便

    B. 为了减少碎屑堵塞航天器的事故

    C. 便于合理控制宇航员的膳食

    D. 方便运输

10. 无论是一个人，还是一只家蝇，太空飞行的要义都是学习如何飘浮。
许多长翅膀的昆虫曾被人类带上太空，但结局通常都不怎么优雅，
不是乱扑腾，就是无助地翻跟斗。那么猜猜看，哪种昆虫在太空中
最自在呢？

    A. 蝴蝶

    B. 家蝇

    C. 飞蛾

    D. 蜻蜓

在太空中，宇航员的生活什么样？
扫码下载"湛庐阅读"APP，
搜索"太空生存指南"查看测试题答案，
了解 99% 的地球人都不知道的太空私生活。

湛庐文化"科学素养"专家委员会
寄语

科学伴光与电前行，引领你我展翅翱翔

欧阳自远

天体化学与地球化学家，中国月球探测工程首任首席科学家，中国科学院院士，
发展中国家科学院院士，国际宇航科学院院士

当雷电第一次掠过富兰克林的风筝到达他的指尖；

当电流第一次流入爱迪生的钨丝电灯照亮整个房间；

当我们第一次从显微镜下观察到美丽的生命；

当我们第一次将望远镜指向苍茫闪耀的星空；

当我们第一次登上月球回望自己的蓝色星球；

当我们第一次用史上最大型的实验装置 LHC 对撞出"上帝粒子"；

……

回溯科学的整个历程，今时今日的我们，仍旧激情澎湃。

对科学家来说，几个世纪的求索，注定是一条充斥着寂寥、抗争、
坚持与荣耀的道路：

我们走过迷茫与谬误，才踟蹰地进入欢呼雀跃的人群；

我们历经挑战与质疑，才渐渐寻获万物的部分答案；

我们失败过、落魄过，才在偶然的一瞬体会到峰回路转的惊喜。

在这泰山般的宇宙中，我们注定如愚公般地"挖山不止"。所以，

不是每一刻，我们都在获得新发现。
但是，我们继续。
不是每一秒，我们都能洞悉万物的本质。
但是，我们继续。

我们日日夜夜地战斗在科学的第一线，在你们日常所不熟悉的粒子世界与茫茫大宇宙中上下求索。但是我们越来越发现，虽这一切与你们相距甚远，但却息息相关。所以，今时今日，我们愿把自己的所知、所感、所想、所为，传递给你们。

我们必须这样做。

所以，我们成立了这个"科学素养"专家委员会。我们有的来自中国科学院国家天文台，有的来自中国科学院高能物理研究所，有的来自国内物理学界知名学府清华大学、北京师范大学与中山大学，有的来自大洋彼岸的顶尖名校加州理工学院。我们汇集到一起，只愿把最前沿的科学成果传递给你们，将科学家真实的科研世界展现在你们面前。

不是每个人都能成为大人物，但是每个人都可以因为科学而成为圈子中最有趣的人。
不是每个人都能够成就恢宏伟业，但是每个人都可以成为孩子眼中最博学的父亲、母亲。
不是每个人都能身兼历史的重任，但是每个人都可以去了解自身被赋予的最伟大的天赋与奇迹。

科学是我们探求真理的向导，也是你们与下一代进步的天梯。

科学，将给予你们无限的未来。这是科学沉淀几个世纪以来，对人类最伟大的回馈。也是我们，这些科学共同体里的成员，今时今日想要告诉你们的故事。

我们期待，

每一个人都因这套书系，成为有趣而博学的人，成为明灯般指引着孩子前行的父母，成为了解自己，了解物质、生命和宇宙的智者。

同时，我们也期待，

更多的科学家加入我们的队伍，为中国的科普事业共同贡献力量。

同时，我们真诚地祝愿，

科技创新与科学普及双翼齐飞！中华必将腾飞！

太空中生活什么样？

> 如果有人在我上天之前问我："在月亮上看地球，
> 你会不会激动万分？"我肯定会说："才不会呢！"事
> 实上，站在月球上第一次回望地球时，我泪流满面。
>
> ——艾伦·谢泼德（Alan Shepard）[1]

在太空中生活什么样？这个问题令许多人心神向往，当然，
宇航员可以为我们答疑解惑。这个问题没有边界、充满希望，
正如同宇宙探索这一活动本身一样。

当提出"太空中生活什么样"这个问题时，意味着，我

---

[1] 艾伦·谢泼德，美国第一位进入太空的宇航员。1961 年 5 月，他乘坐"自
由 7 号"载人航天飞机遨游太空。1971 年，作为当时年龄最大的宇航员，
谢泼德担任那次登月任务的指令长，乘坐"阿波罗 14 号"进入太空，
成功登月。他还是第一位在月球上打高尔夫的人。——译者注

们对人类是否可以在宇宙中走得更远、是否可以在太空中大有可为，充满了渴望与信心。

试图从科学角度回答这个问题的第一人，是天文学家约翰尼斯·开普勒（Johannes Kepler）❶。早在 17 世纪初，在人类首次登月的 3 个世纪之前，开普勒便写出了《梦》一书。这部虚构作品以科学为基础，讲述了人类探索太空的故事，细节非常丰富，比如人类是如何在太空中运用科学的、从月球上观测地球是什么样子，等等。人类第一次登上月球，是在开普勒写作《梦》的 361 年之后，但开普勒无疑是宣称登月在科学上可行并展望了人类前往月球之图景的第一人。

"太空中生活什么样"的科学猜想已经有数百年的历史了，可是没有人知道确切答案。20 世纪 60 年代早期，在人类登上载人航天飞机之前，医生们面对着无数的疑团：从人能否在太空中进食，到人的眼睛会不会飘到脑袋里。"冷战"期间，美国和苏联的宇航员们接受了周密的测试，以保证他们能够处理所有当时可以想象的状况。只有不断地向前推进人类探索宇宙的边界，我们才能够真正回答"太空中生活什么样"这个问题。

在这本书中，我将探索宇宙这件事写得简单易懂。对我而言，

❶ 约翰尼斯·开普勒，德国天文学家、物理学家、数学家，17 世纪初期科学革命的关键人物，他最为人知的成就是开普勒定律。1610 年前后，开普勒的一份手稿开始被传阅，这份手稿最终以《梦》（*Somnium*）为题公开发表。该书部分目的是希望从另一个星球的视角来看时下的天文学是什么样子，以说明非地心说的可行性。——译者注

与作此书出于一个迷人的契机，使我有机会了解更多与载人航天有关的知识。载人航天是宇宙探索的一个方面，在它起步后的半个多世纪里，只有经过严格地精挑细选的寥寥几人有幸亲身体验。然而，仅仅是与宇航员们聊天，就让我觉得非常有趣了，宇航员们慷慨地奉献了自己的时间和热情。书中的故事内容丰富，或是滑稽好笑，或是古怪诡异，或是令人肃然起敬。在寻找和访问这些宇航员的过程中，我发现，他们无一例外地具备一种相似的特质：当面对挑战未知的任务时，他们平和而坚决。

时至今日，人类的太空飞行已有数十年历史，但对于"太空中生活什么样"这一问题的任何回答都只是临时性的。因为，随着人类宇宙探索活动的不断深入，这些答案的范围以及获得一个答案的难易程度都将发生变化。

我喜欢一边阅读这些小故事，一边想象着 400 年后的人将作出怎样的回答。我的期待是，在接下来的几十年或几百年里，宇宙探索能够稳步、坚定地向前推进。或许有朝一日，这本书也将变成老古董，就像那些描述"坐飞机感觉如何"的老书一样。

毫无嗝声

NO ONE CAN HEAR
YOU BURP

　　在太空中，没有人能听见你的打嗝声，这可是真的！由于太空中重力不足，你很难让食物老老实实地待在"胃底"，所以当你试图通过嘴巴排出一些气体时，打嗝的尝试大部分会以呕吐告终。噢，这就是为什么太空中没有苏打水的原因。

谜之头痛

MYSTERIOUS HEADACHES

    有些第一次乘坐航天飞机的宇航员声称，他们在太空中经历了神秘的头痛事件。人们投入了诸多财力和精力来研究这是怎么回事。颅内压力？氧气不足？全都不是。最终的谜底是：在被送入太空之前，咖啡经过了冷却干燥处理，这一过程使得咖啡里的咖啡因含量大大降低，所以，宇航员的头痛实际上是一种咖啡因脱瘾症状。

月亮之脸

MOON FACE

　　"如果你去太空，一定要去 4 天以上。"这一建议来自曾 4 次乘坐航天飞机前往太空的宇航员吉姆·纽曼（Jim Newman）❶。在抵达太空的前几个小时，你的脸会变成宇航员们所说的"月亮脸"。这是因为，由于重力不足，你身体内的血液无法在头部以下均匀循环。在太空中生活的前两三天，你的脸会变得浮肿，直到你的身体搞清楚如何在微重力环境下让血液正常循环。一般来说，4 天之后你的脸便能恢复正常。到那时，你就可以惬意地享受太空之旅啦。

---

❶ 吉姆·纽曼，美国物理学家，NASA 前宇航员，曾 4 次执行航天飞行任务，他在太空中的时长为 43 天 10 小时 7 分。——译者注

漏尿之衣

LEAKY SUITS

在早期，男宇航员的宇航服常常是漏的。他们经常抱怨自己的尿液漏到了宇航服的其他地方。那时候，没有人知道宇航服究竟出了什么问题。后来终于搞清楚了，漏尿的罪魁祸首是宇航员使用了过大的安全套导尿管。原来，之前每当医生问男宇航员们需要什么尺寸的安全套导尿管时，他们通常都会说："大号的。"

小便冰柱

URINE ICICLE

　　航天飞机里有一整套排放系统，可以将宇航员排出的尿液排到宇宙空间里去。1984年，这套系统出了故障，尿液在太空中形成了一根巨大的冰柱，黏在航天飞机的底座上。宇航员担心冰柱损坏航天器，不得不用一只机械臂把它敲掉。

太空反梦

BACKWARDS DREAMS

　　在太空中睡觉，宇航员们有时候会做"反梦"。宇航员里德·怀斯曼（Reid Wiseman）[1]在驻扎国际空间站期间发过一条推特："太空，第 52 天：昨天晚上我做了第一个反梦，我梦见回到了地球，重力不太正常。"返回地球之后，怀斯曼说他还在做这样的反梦，在梦中，地球重力有点儿异样。不过，在他回到地球一周以后，反梦就渐渐消失了。

---

[1] 里德·怀斯曼，美国宇航员、工程师、海军飞行员。2009 年被 NASA 选中，2011 年起担任宇航员，2014 年 5 月 28 日抵达国际空间站，11 月 10 日返回地球。他在太空中的时长为 165 天 8 小时 1 分。——译者注

"屁力"推进

FART PROPULSION

在太空里打嗝很困难，所以放屁就会变多。宇航员们承认，在航天飞机和国际空间站里转悠的时候，他们曾经尝试把放屁当作一种推进器。然而，事实证明，在太空中放屁并不能把人往前推——不知这是否会让其他宇航员宽宽心。

吐袋反弹

BARF BAG BOUNCE

在太空中呕吐，就像有人在你脸上打了一巴掌。我可没骗你。因为没有重力，你的呕吐物会从呕吐袋两侧弹出来，正中面门。因此，宇航员们建议你提前备好一条毛巾，以便清理。《银河系漫游指南》（*The Hitchhiker's Guide to the Galaxy*）说得对，对于星际游客而言，一条毛巾的确是最有用的东西。

此为月球

THIS IS THE MOON

　　宇航员们有时候不得不提醒自己眼下所做之事的重要意义。"阿波罗 12 号"宇航员艾伦·比恩（Alan Bean）❶曾在月球上行走。他如此描述当时的情景：

> 我低头看脚下，默默地告诉自己"这是月球，这是月球"；我抬头望天空，在心里念叨着"那是地球，那是地球"。就算我们正站在月球上，整件事也仿佛科幻小说一般。

---

❶ 艾伦·比恩，NASA 前宇航员。1963 年加入 NASA，第一项任务是 1969 年搭乘"阿波罗 12 号"前往月球，成为第四位在月球上行走的人类。比恩还曾于 1973 年执行"3 号空间实验室"任务。他在太空中的时长为 69 天 15 小时 45 分。——译者注

坠入梦乡

FALLING ASLEEP

在太空中睡觉可不是件容易事。没有了我们熟悉的重力，也就没有床可以躺下。宇航员们必须要适应悬在半空中睡觉，他们要让自己的肌肉足够放松，然后迷迷糊糊地睡去。在飘浮状态下睡觉可能有点儿棘手，许多太空新手证实，他们会被下坠（falling）的感觉惊醒。"Falling asleep"（原意为"入睡"）被赋予了新的含义："坠入睡眠"。曾有一名苏联宇航员是太空睡眠方面的专家，同伴们常常看见他在自己的睡眠舱外面飘着，沉浸于深度睡眠之中，身体还时不时地在撞到舱壁后被弹回去。

卡在半空

STUCK MID-AIR

国际空间站内部遍布扶手，这样宇航员们就可以借助扶手在各处活动。为了测试不扶舱壁能否移步他处，"奋进号"（Endeavour）航天飞机上的两位宇航员做了一个实验。他们为同机的宇航员南希·柯里（Nancy Currie）[1] 精心选择了一个位置，南希在那儿无法够到任何一个舱壁。南希发现，无论自己用多么猛的劲儿动弹，无论自己再怎么用力地挥舞双臂，她仍然会卡在半空中，无法碰到舱壁。

---

[1] 南希·柯里，工程师，美国陆军上校，NASA 前宇航员，曾 4 次执行航天飞行任务。她在太空中的时长为 41 天 15 小时 32 分。——译者注

哪面是"上"？

WHICH WAY IS UP？

在太空中，你要自己决定哪面是"上"。与科幻小说里的飞船不同，现实中的空间站将所有的舱壁都用于储存各种东西了，没有过道，没有天花板，也没有空荡荡的长廊。持续绕轨道运行的宇航员发现，在执行各种任务时，比如维修故障、开展实验，就算是跟其他宇航员碰个面，他们也必须有意识地为自己选择一个方向作为"上"。

星际城市

STELLAR CITIES

夜晚时分，我们很难从众多星星中找到哪颗星是地球。正如宇航员萨莉·莱德（Sally Ride）❶观察到的那样：

每颗行星的轨道总有一部分会把我们带入它的暗面。太空的夜晚非常非常黑暗，但也不是全无东西可看。"星际城市"的万家灯火闪耀，在没有月亮的夜里，我们很难辨认出星空中的地球。那闪烁着光芒的，可能是恒星，也可能是地球上的城市。

---

❶ 萨莉·莱德（1951—2012），美国物理学家、宇航员。1978 年加入 NASA，1983 年成为了第三位进入太空的女性宇航员，也是第一位进入太空的美国女性，至今保持着宇航员进入太空时年龄最小的纪录（32 岁）。她在太空中的时长为 14 天 7 小时 46 分。——译者注

上下颠倒

UPSIDE DOWN

众所周知，宇航员们会在太空里做一些个人实验，以测试自己在自由浮置环境中的身体极限：从颠倒着撒尿，到蒙上眼睛看自己会不会失去方向（谜底：会的！）。宇航员们常常被告知，要怀揣着一颗孩童般的好奇心去探索太空。

太空何味

THE SMELL OF SPACE

对于太空之味，可谓众说纷纭。虽然宇航员们不能通过宇航服直接嗅到太空的气味，但他们会在太空行走之后闻一闻萦绕在气阀上的气味。答案不一。有人说，太空闻起来像在雪地里打了一个滚之后的湿衣服；有人说，太空闻起来像烤焦的杏仁饼干；有人说，太空闻起来像焊接东西时甜丝丝的烟雾；有人说，太空闻起来像臭氧、火药燃烧或是炸肉排；还有人说，太空闻起来就像汽车引擎过热时散发出的那种气味，只是温和了一点儿。所有太空气味之辩的终极来源，都是创造了太阳系的濒死恒星以及这些恒星所生成的多环芳烃。当宇航员在太空行走时，多环芳烃会"赖"在宇航员的宇航服上。

重力欧耶！

OH YEAH，GRAVITY

很多宇航员都有过这样的经历：从太空返回地球之后，他们常会失手把家里的东西摔在地上——他们以为这些东西还能飘在空中呢！当他们朝别人扔个什么东西时，直到看着东西掉到地上，他们才反应过来这是在地球上，有重力作用，得多用点儿力气扔出去才行。因为总是忘记重力的存在，诸如茶杯、牙膏管、比萨盒和钢笔什么的，统统成了"牺牲品"。

太空适应综合征

SPACE ADAPTATION SYNDROME

大多数宇航员在太空中会呕吐，这要归因于太空适应综合征（又叫航天运动病），也就是在进入太空的前几天中由失重而引起的一系列头痛、恶心和呕吐等症状。美国共和党参议员杰克·加恩（Jake Garn）❶也是一位宇航员，他曾于1985年搭乘"发现号"航天飞机上天。加恩经历了史上最为严重的太空适应综合征。根据加恩的亲身经历，人们甚至发明了一个非正式用语："呕吐程度"（vomit scale）。

正如宇航员培训师罗伯特·史蒂文森（Robert E. Stevenson）所说：

> 杰克·加恩在宇航员队伍中创造了历史，他代表着有史以来太空不适症状的最大极限。所以，我们把彻底病倒和完全不合格定为"1加恩"，绝大部分人的不适程度顶多达到"0.1加恩"。

---

❶ 杰克·加恩，1985年作为载荷专家搭乘"发现号"航天飞机上天，成为美国国会中第一个进入太空的人。他在太空中的时长为6天23小时55分。——译者注

太空喷嚏

SNEEZING IN SPACE

有些宇航员训练的内容包括学习如何打喷嚏。在太空行走期间，宇航员可免不了某些"世俗小事"的干扰，比如汗水、鼻涕和泪滴，随便哪个都能致使他们暂时失明。宇航员们除了要能够努力保持冷静、不在太空中哭鼻子，还得个个都是打喷嚏的专家：他们得懂得怎么对准下方打喷嚏，以免把头盔搞得一团糟。

闪电霹雳

LIGHTNING

地球为宇航员们呈现了史诗级的纯天然焰火表演——夜晚的雷暴。宇航员萨莉·莱德是这样描述的：

在绕转轨道上看到的所有风景里，最引人瞩目的要数闪电在夜晚点燃云彩的壮观景象。在地球上，我们从云层之下看闪电；在轨道上，我们从云层之上看闪电。闪电霹雳击中云层，分散成燃烧的光球。有时，一场风暴能绵延几百公里，看上去如同一支横穿大陆的劲旅在向片片云朵上扔烟花。

收集尿液

COLLECTION CONTRAPTIONS

　　在纸尿裤成为宇航员起飞、着陆和太空行走的标准装备之前，人们考虑和使用过许多其他东西。在1961年执行亚轨道太空飞行任务时，"水星计划"的宇航员格斯·格里索姆（Gus Grissom）❶为了让所有的尿液流进安全储层，特地穿了一条双层橡胶裤。在早期太空飞行中，有些宇航员还会用改良版的安全套，将安全套的其中一端与尿液收集袋连接起来。几十年后，20世纪80年代，纸尿裤率先被女性宇航员使用。在意识到穿着纸尿裤小便，远比在连着尿液收集设备的安全套里"嘘嘘"舒服得多之后，男性宇航员们最终也选择了纸尿裤。

---

❶ 格斯·格里索姆，美国第一个载人航天计划"水星计划"的初始宇航员之一，机械工程师。他是进入太空的第二个美国人，也是NASA宇航员队伍中第一位两次进入太空的人。他在太空中的时长为5小时7分。1967年，格里索姆在"阿波罗1号"的一次例行测试中因舱内大火牺牲。——译者注

太空寂静

SPACE SILENCE

对我们的耳朵来说，太空寂静一片。然而，对于经历过太空生活的宇航员来说，根本毫无寂静可言。从空间站通风系统永不停歇的"嗡嗡"声，到宇航服里生命支持系统工作时的噪声，单从听觉上来讲，太空旅行堪称最不安宁的人生经历。有些人觉得这些噪声很讨厌，但宇航员斯科特·帕拉津斯基（ Scott Parazynski ）**❶** 却将它视为一种安全保障：

> 当你被裹在宇航服里时，说真的，那种"嗡嗡"作响的声音让人感到一丝安慰。你总是能听到风扇的"呼呼"声，而风扇保证了宇航服里的氧气循环，那可是你的生命线。你还能听到无线电的"噼啪"声，这代表着你此刻没有失联。如果你的宇航服内变得一片沉寂，那就糟了。所以，说实话，我对一片安静可没什么好感。

---

❶ 斯科特·帕拉津斯基，美国物理学家，NASA 前宇航员。曾执行 5 次航天飞行任务，7 次太空行走任务，2009 年从 NASA 退休。帕拉津斯基是目前唯一一位既去过太空又登顶珠穆朗玛峰的人。他在太空中的时长为 57 天 15 小时 34 分。——译者注

太空洗衣

LAUNDRY IN SPCAE

　　太空中可没有洗衣店。不过谢天谢地，由于衣物在微重力环境下会飘离你的体表，所以不会像在地球上那样吸收你身上所有的异味。结果就是，宇航员们承认，有时候他们一条内裤会连着穿好几天都不换。许多宇航员说，自己在太空期间会严重失嗅，所以，不洗衣服也没什么大不了。

跟跄归途

STUMBLING HOME

对于人体而言，从太空飞回地球要经受的考验可比从地球飞上太空时更严峻。在太空中待久了，宇航员的骨骼和肌肉会因缺乏重力而发生萎缩。这一严峻问题需要宇航员们奋力应对，却也会在他们回到地球后引发一系列滑稽之事。加拿大宇航员克里斯·哈德菲尔德（Chris Hadfield）❶回忆说：

> 我回到地球后一个星期都没有通过清醒度测试，过了 4 个月才能正常跑步。在回来的第一周里，我只能吃力、缓慢地挪动，就像一个家伙在假扮怪兽哥斯拉（Godzilla）。

---

❶ 克里斯·哈德菲尔德，第一位在太空行走的加拿大人。两次执行航天飞行任务，曾担任国际空间站指挥官。他在太空中的时长为 166 天。——译者注

浮着醒来

WAKING AFLOAT

宇航员们回到地球之后会处于悬浮状态——至少大脑是这样欺骗他们的。有几位宇航员称，他们醒来的时候总感觉自己悬浮在床的上方。宇航员卡伦·纽伯格（Karen Nyberg）❶回忆说，有一次她醒来时以为自己处于失重状态，悬挂在卧室的天花板上，正俯视着自己的梳妆台。

---

❶ 卡伦·纽伯格，机械工程师，NASA 宇航员。1991 年起开始从事太空事业，2008 年第一次执行太空任务，是第 50 位进入太空的女性。在 2008 年和 2013 年的两次任务中，她在太空中工作共计 180 天。——译者注

太空健身

EXERCISE

在太空中，宇航员每天要锻炼两个半小时，以对抗失重环境下人体骨骼密度和肌肉质量的流失。但从方方面面来讲，太空锻炼始终处于"胶着状态"中。国际空间站里的健身脚踏车没有车座，也没有车把，因为这两个东西完全没有存在的必要，宇航员只要把自己的脚绑在脚踏板上蹬起来就可以了，双手可以随意翻翻书或是摆弄摆弄音乐播放器。运动出汗有时会比较麻烦，汗水黏在你的身上无法飘走，汗水越积越多最终会成为一些大水球——这也是另一个你要带条毛巾去太空的原因。

毛手毛脚

BULL IN A CHINA SHOP

　　对一位新手宇航员来说，在空间站生活可不容易，他们需要花时间学习如何在半空中优雅地游来游去。一位宇航员承认，当他第一次试着从一个舱飞到另一舱时，因为动作过猛引发了一场混乱：在他的身后，笔记本电脑和其他一堆设备全都飘了起来。"初来乍到时，你就像一头瓷器店里的蛮牛，毛手毛脚的。"他说道。

唤醒味蕾

SPICE EXPLORATION

　　在太空中吃饭，可谓味同嚼蜡，倒不是因为冻干食品本身让人毫无食欲，主要原因还是失重。贯通鼻腔的黏液因重力不足而飘散在宇航员的身体里，从而引发鼻塞，宇航员们会觉得自己得了重感冒。鼻子通气不畅，部分嗅觉丧失，也难怪宇航员们吃起所有东西来都觉得无滋无味。于是，地面中心常把大堆大堆的辣椒酱、芥末酱、辣根等送去太空，以刺激宇航员们的味蕾。

泡泡之外

OUTSIDE OF THE BUBBLE

从太空中看星星，会让人觉得仿佛终其一生生活在一个气泡之中。曾两次执行航天任务的宇航员迈克·马斯米诺（Mike Massimino）[1] 描述了他在太空行走时望向星空的感受：

> 在地球上看星星和在太空中看星星的区别，有点儿像从游泳池水底看太阳和从游泳池水面之上看太阳的区别。你在那一层之上，所有的星星都不再闪烁，它们只是完美的光点而已。

---

[1] 迈克·马斯米诺，工程师，NASA 前宇航员。曾两次执行航天飞行任务，均与哈勃空间望远镜有关，包括该望远镜极具历史意义的最后一次大修。他在太空中的时长为 23 天 19 小时 48 分。——译者注

伤风感冒

HEAD COLDS

在太空里感冒有时会特别烦人。因为失重，鼻涕无法附着在鼻腔里，黏液在你体内到处游荡，一次次地清理也无法缓解耳朵和鼻孔的堵塞。"阿波罗7号"上天时，三位宇航员被常见的感冒折磨并激怒，到了"发动暴乱"的程度。面临着眼前纸巾用尽、耳膜即将爆裂的威胁，他们甚至拒绝服从"重返大气层须配戴头盔"的安全指令。

长居太空

LONG-TERM SPACE TRAVEL

待在太空的"浪漫气氛"在一段时间之后就会慢慢消散。比利时宇航员弗兰克·德·温尼（Frank de Winne）[1]解释说：

> 如果你只在太空中待一两个星期，那么你会一直处于嗨翻的状态。但如果在太空住6个月，情况就不一样了。不管遇到多少不可避免的挫折，你都得做好情绪管理和自我激励。短期太空旅行遇到的小麻烦，在长期太空生活中成了家常便饭，比如不能洗澡，比如吃不到新鲜水果。你最想念的，是与爱妻、孩子以及其他亲友的亲密接触。

[1] 弗兰克·德·温尼，比利时空军军官，欧洲空间局宇航员。他是第二位进入太空的比利时人，第一位来自欧洲空间局的国际空间站指挥官。他在太空中的时长为198天17小时34分。——译者注

075

一夜无眠

UP ALL NIGHT

在太空中，人很容易失眠。阿努什·安萨里（Anousheh Ansari）❶是首位进入太空的伊朗裔宇航员，她激动得难以入睡。

> 夜里我试图睡觉，但我知道自己在国际空间站的时间很有限，便禁不住一直望向窗外，看着地球、星星和太空中所有的一切。在我准备返回地球的时候，我实在太缺觉了，连眼睛都睁不开了。

她的"舱友"们简直无法相信，他们准备重返大气层时，安萨里竟然睡着了！不过她没睡多久：就算是睡得最沉的宇航员，也会被重力作用和穿行大气燃烧产生的橘红色火光唤醒。

---

❶ 阿努什·安萨里，伊朗裔美国工程师。2006 年，她成了第一位进入太空的伊朗人。她是第四位完全自费的太空游客、第一位自费去国际空间站的女性，也是第一个在太空中发博客的人。——译者注

正如吾家

LIKE HOME

对于一些长期居于太空的旅行者来说，太空的方方面面会变得黯淡无光、乏善可陈，然而，也有一部分宇航员对太空经历颇有好感。宇航员迈克尔·洛佩斯 - 阿里格利亚（Michael López-Alegría）❶在太空中连续生活了215天。

把长期任务比作马拉松让我感到有点儿焦虑，我担心自己会无聊或者想回家。后来我发现，这个想法简直大错特错！我很高兴自己去了太空，按照与在地球上差不多的节奏开始生活。真的是在太空中生活，而不只是在太空中工作。你有时间去适应环境、回忆过往、凭窗远眺，你有时间读书写作，或与人通个电话什么的。如果说这与地球生活有什么区别的话，只不过是多了点太空的感觉。我既开心又惊喜，感觉自己与周围的环境更亲近了，甚至有一种在家的感觉。

---

❶ 迈克尔·洛佩斯 - 阿里格利亚，西班牙裔美国宇航员。曾执行过三次航天飞行任务和一次国际空间站任务，太空行走多达 10 次，他的舱外工作时长在所有宇航员中名列第二。他曾在国际空间站内连续生活 215 天，是待在太空时间第二长的美国人。他在太空中的时长为 257 天 22 小时 46 分。——译者注

食物游戏

FOOD PLAY

　　在太空中，没有一个宇航员不做食物游戏。如果能用嘴接住飘在空中的零食，干吗还要用手呢？当然，有些食物比较难"对付"，阿努什·安萨里发现：

　　　　当你打开一袋流食，比如酸奶或汤，如果你不是非常非常小心的话，酸奶或汤的气泡就会飘出来，四处乱飞，你必须用勺子接住这些泡泡。如果你没有手疾眼快地接住它们，一个小气泡撞了一下你的勺子，便会变成 10 个更小的气泡，那你就得去抓 10 个泡泡啦。

总观效应

THE OVERVIEW EFFECT

在轨道之上俯瞰地球，许多宇航员会不可避免地经历认知转变，产生地球之本质脆弱而受限的想法，这种体验被称作"总观效应"。理查德·加里奥特（Richard Garriott）❶在听说这个词之前，已然有了总观效应的亲身体验：

> 从太空望向地球，你可以在宏观尺度上看到自然与人类之力对地球的改造。太平洋上空的云朵如同经过了数学计算，呈现出不规则的碎片状；反观大西洋上空，云层结构混乱一片。你能看到水蚀、风蚀的产物以及板块运动形成的绵长的深谷沟壑。你会目睹陨石撞击地球的痕迹，以及人类活动对整个地球的影响。你会在每一片沙漠里看见马路和农庄，古老的深层地下水为人类提供灌溉，人们沿着水源生存繁衍。山脉上道路交错，河流上大坝高筑。在遥望了一周如是景观之后，我看到了自己的成长之地，我曾经踏足或车行过的地方。突然之间，我对于地球的感知，从一个巨大的未知之物，变成了一个渺小、有限的存在。

---

❶ 理查德·加里奥特，当今网络游戏产业缔造者之一，《创世纪》系列游戏之父。2008 年搭乘俄罗斯"联盟 TMA-13 号"载人飞船升空，由此成为全世界第 6 位太空游客，并与他的父亲、前职业宇航员欧文·加里奥特一起，成为美国首对遨游太空的父子。他在太空中的总时长为 11 天 20 小时 35 分。——译者注

云朵飘飘

CLOUDS

地球表面绝大部分被海洋和云彩所覆盖，有着 3 次太空经历的桑迪·马格努斯（Sandy Magnus）❶深深着迷于从太空中观察云层：

从太空望去，云彩仿佛有着自己的个性：雷暴云个头硕大，怒气冲冲；海面上的云彩整齐有序，形似波点；有些云彩浮肿鼓胀，沉甸甸的。日落时分俯瞰，雷暴云呈现出粉色、红色和黄色，正如我们在地面之上、云层之下看到的那样。不过，请你想象一下在云层顶端目睹这些色彩的感觉吧。有时候，你甚至能看到云层反射的月光。水和云与你为伴，从始至终。

---

❶ 桑迪·马格努斯，工程师，NASA 宇航员。她曾三次执行太空任务，包括美国"航天飞机计划"的最后一次任务。她在太空中的时长为 157 天 8 小时 42 分。——译者注

先驱加加林

YURI

苏联宇航员尤里·加加林（Yuri Gagarin）❶是第一位进入太空的人类。他十分清楚载人航天事业的开启对人类历史的重要意义。1961年，在他乘坐的宇宙飞船上天之前，对于自己所感受到的意义和重大责任，加加林是这样说的：

> 成为第一个进入太空、单枪匹马与自然展开前所未有之搏斗的人——还有什么梦想比这更伟大呢？紧接着我便想到了自己。作为实现一代代人类梦想的第一人，作为为人类走向太空铺平道路的第一人，我担负着艰巨的责任。我不是对一个人和一群人负责，也不是对一个团体负责，而是要对全人类负责，对人类的现在与未来负责。

❶ 1961年4月12日莫斯科时间9时7分，加加林乘坐"东方1号"载人航天飞机从拜科努尔航天发射场起航，在最大高度为301公里的轨道上绕地球一周，历时1小时48分钟，完成了全球首次载人航天飞行。——译者注

食品包装

CUBED OR TUBED

在载人航天事业起步初期，太空食物要么被做成立方体的形状，要么被装进管子里。肉类会被捣碎，如同半固体状的婴儿食品，黏糊糊的，被装进可挤压的铝管里。在麦片和饼干等食品被压制成立方体形状之前，人们会在它们表面涂上淀粉或食用胶，以减少食用时产生的碎屑。执行"双子座3号"（Gemini 3）任务的宇航员约翰·扬（John Young）[1]不喜欢"享用"这些美食，他进舱时偷偷带了一块腌牛肉三明治。当他和同事格斯·格里索姆咬下第一口时，三明治碎屑满舱飞，险些堵塞了某些至关重要的航天仪器。NASA对这块"走私上天"的腌牛肉三明治大为不快。

---

[1] 约翰·扬，NASA前宇航员，1972年执行"阿波罗16号"登月任务，成为第9个踏上月球的人。约翰·扬是美国航天史上宇航员生涯最长、执行任务最多的宇航员之一。他是第一个6次进入太空的人，也是第一位操纵过4种航天器的宇航员：双子星航天器、阿波罗指令/服务舱、登月舱和航天飞机。他在太空中的时长为34天19小时39分。——译者注

浴火重生

SECOND BIRTH

当俄罗斯"联盟号"（Soyuz）载人飞船的太空舱如流星般从太空坠落地球时，宇航员们突然发觉他们的胳膊和腿不能动了，他们无法自己爬出舱外。地面搜救人员打开舱门，帮宇航员解开座椅安全带，并用毯子一裹，把他们抬出了舱外，帮他们回归这个世界。

太空罢工

OVERSCHEDULED

宇航员们的每一分每一秒都被安排得一丝不苟、滴水不漏。要完成一大堆任务，还要有足够的休息时间，宇航员们在太空里几乎没有时间思考自己身在太空的感受。1973 年，天空实验室 4 号（Skylab 4）的一队宇航员认为，地面指挥中心把他们的日程安排得太紧，所以罢工了。他们关掉无线电通信设备，切断与地球之间的联络，把这一天的时间用于凝望窗外的美景、思考宇宙万物。宇航员威廉·波格（William Pogue）❶ 写道：

> 我们已经超负荷运转了。我们一整天都在拼命忙活，虽然景色不错，但工作有时候单调无聊、没完没了。

这次罢工事件之后，NASA 才同意给宇航员们留出更多私人时间，让他们有时间能看看宇宙、发发呆。

---

❶ 威廉·波格，NASA 前宇航员，1966 年加入 NASA，先后参与了"阿波罗计划"和天空实验室轨道工作站项目。他在太空中的时长为 84 天 1 小时 15 分。——译者注

太空昆虫

INSECTS IN SPACE

　　无论你是一个人，还是一只家蝇，太空飞行的要义都是学习如何飘浮。许多长翅膀的昆虫曾被人类带上太空，但结局通常都不怎么优雅。蝴蝶胡乱往屏障上面撞，蜜蜂在罩子里无助地翻跟头；对于喜爱拍打双翅在墙上走来走去的家蝇来说，太空飞行可不怎么讨它喜欢；飞蛾倒是很适应微重力环境，毫不费力就能飘来飘去。

饼干"货币"

COOKIE CURRENCY

　　天空实验室是美国的第一个空间站，那里的宇航员们发明了自己的"货币"——甜曲奇饼干。这些饼干是地球上的营养师在发射之前为宇航员们新烤制的，被身处太空的宇航员们视若珍宝。如果某位宇航员需要别人帮忙，他就得"收买"一名同事，代价嘛，就是付出一块所有人都梦寐以求的曲奇饼干。

宇宙精灵

COSMIC FAIRIES

宇航员们每隔几分钟就会被捣蛋的宇宙精灵们造访。宇航员、著名天文摄影家唐纳德·佩蒂特（Donald Pettit）❶解释说：

在太空里，我看见了并不存在的东西。我眼里闪过一道道光，如同亮晶晶的精灵在眼前跳舞，这使得光线条件变得难以捉摸，不过我忙于日常工作时就会把它忽略掉。当我眼皮沉重、昏昏欲睡时，我在睡眠舱的黑暗里也会看到闪烁的精灵。如果宇宙射线恰好穿过你的视网膜，视杆细胞和视锥细胞受到刺激，你便会察觉有一道光闪过，其实什么也没有。没有了地球大气层的保护，我们在国际空间站里受到了宇宙射线的暴击，宇宙射线直接穿透船体，就像这层屏障根本不存在一样。它们不放过空间站里的任何东西，全都要拿来"捉弄"一番：要么把你的笔记本电脑锁住，要么把我们的相机敲掉几个像素点。电脑还可以重启，但相机受到的损害是永久的。一年之后，使用这些相机拍出来的照片，看起来好像蒙上了一层电子雪花。

---

❶ 唐纳德·佩蒂特，化学工程师，NASA 宇航员，曾经在国际空间站两次执行长期太空任务。他在太空中的时长为 369 天 16 小时 41 分。如今（截至 2017 年），62 岁的佩蒂特是 NASA 最年长的现役宇航员。——译者注

炫目极光

AURORA

从轨道上看极光，许多宇航员都深深着迷于这一景象。宇航员克里斯·哈德菲尔德有过一次特殊的经历，他在太空行走时曾飞过极光：

极光爆发时，就像有人在上演一场绵延几千公里的激光秀。以裸眼看极光的颜色，比在相机里看到的鲜艳多了。当航天飞机驶过南极光时，我看到绿色、红色、黄色、橙色连绵不绝，在我脚下倾泻而出，而这些只是极光的"序幕"。这一切看起来太奇妙了。

冰激凌派对

ICE CREAM PARTY

比起博物馆和纪念品店里的袋装冰激凌，真正的太空冰激凌要可爱得多。当"阿波罗7号"在1968年升空时，宇航员们的食品平淡无奇；之后的天空实验室和航天飞机都安装了冰箱，新鲜的冰激凌也就可以带上天了。天空实验室的宇航员们甚至在太空举办了冰激凌派对。他们聚在一起，一边品尝着香草冰激凌和草莓，一边观赏着窗外宇宙万物的运转。

失物招领

LOST AND FOUND

在太空中很容易丢东西。大多数太空服装的口袋都有拉链，但不是你每次放了东西都能记得拉上拉链，而没固定住的东西便会飘出来飞走。宇航员阿努什·安萨里第一次去太空时，就是这么弄丢了她的唇膏。因为担心飘浮物可能会损坏空间站，她跟一位同事讲了这件事。万幸的是，同事告诉她，国际空间站有一个大风扇，会把所有飘浮在空中的"不明物体"吸进去，那儿就像是一个失物招领处，每星期都会有人去检查一次。果然，安萨里的唇膏就卡在里面，那里还有不少从她同事那儿不小心飘走的物件。

鸡尾冷虾

SHRIMP COCKTAIL

为了便于储存，太空食物又是脱水处理，又是辐照灭菌，又是耐热处理，不难想见，大多数太空食物都不怎么美味可口。鸡尾冷虾常常被认为是一道太空佳肴，虽然食材也经过冻干处理，但实属为数不多的保持了口感的食物之一。为了照顾宇航员们在太空里不太敏感的味蕾，吃的时候搭配一管芥末，那就更妙了。几十年来，宇航员们都把鸡尾冷虾列为他们最爱的太空料理，有人甚至上瘾到连续几周、每日三餐都吃这道菜。

众星环绕

SATELLITES AND METEORS

对于绕转地球的宇航员来说，身边总环绕着各种太空物体和宇宙景色。在身处国际空间站的日子里，宇航员唐纳德·佩蒂特的观察是这样的：

当你俯瞰太空时，偶尔会看到流星划过。恒星、行星和银河系就在眼前，你心里不免有些紧张……有时，你看到太空垃圾飘在附近的轨道之上，它们在旋转时偶尔会因反光而闪耀……你可以观察到其他人造卫星，有些绕着地球的赤道轨道转动，有些则在两极轨道上绕转。你会发现，有些卫星处于你的轨道面上方，你只能在地球的反方向上看到它们。有些卫星仿佛转瞬即逝的照明弹，在短短几秒钟内光芒夺目，而后便逐渐淡出视野之外。

无人知晓

NOBODY KNEW

在把人类送入太空之前，没有人知道太空里到底是什么样。医生们担心，在失重环境下，宇航员的眼球可能会在眼眶里飘荡从而引起失明，或是宇航员会因无法吞咽食物而忍饥挨饿。出于这些也许太过谨慎的考虑，早期的宇航员接受了许多身体和心理方面的测试。即使在最好的情况下，这些测试也相当令人为难，有些简直是极端的折磨。有人问宇航员约翰·格伦（John Glenn）❶哪一项测试最难，他回答道：

> 要从中选出一个来真是太困难了，因为如果你知道人体表面到底有多少个开口，以及你可以深入每个开口多深，而你要回答出到底是哪一个，那可太难了。

---

❶ 约翰·格伦，美国海军陆战队飞行员、工程师、宇航员。曾在第二次世界大战期间担任战斗机飞行员，1959 年入选"水星计划"，成为第一批的 7 名宇航员之一。1962 年，他成为第一位进入地球轨道绕转的美国人。1998 年，作为一名在任参议员，他搭乘航天飞机上天，创下了太空高龄纪录。格伦也是唯一一位同时参与美国"水星计划"和"航天飞机计划"的人。这位传奇宇航员于 2016 年去世。——译者注

测量万物

MEASURING EVERYTHING

早期宇航员在太空生活的一切细节都被仔细测量过，从各项生命体征，到他们吃进了多少东西、排出了多少东西。在天空实验室里，宇航员们会测量他们食用的每一餐，然后攒下他们的排泄物，等以后带回地球做分析。这给宇航员威廉·波格带来了一个难题，他在太空里呕吐过，因为不想让指挥中心知道自己身体不适，波格把呕吐袋扔进了密闭舱。然而，在"诡计"即将实施之际，他这才想起来，自己曾在对讲机里跟一个同事聊起过这个小阴谋。结果你也知道了：所有人都听见了。

吓唬自己

SCARING YOURSELF

要适应太空中那些不寻常之事，你得花点儿时间。比如，当你身体放松即将入睡时，你的手臂会飘浮起来，而不是老老实实地待在你身体的两侧。宇航员万斯·布兰德（Vance Brand）❶傻乎乎地忘了这事儿，结果把自己吓了一跳。其他几位宇航员把自己固定在睡袋里，布兰德却只用个夹子把自己夹在了扶手上就睡了。半夜时分醒来时，当看见有东西在他面前飘荡，布兰德吓得魂飞魄散——没错，那是他自己的两只手。

---

❶ 万斯·布兰德，美国前海军军官和飞行员，航空工程师，NASA 前宇航员。他曾在 1975 年美苏首次联合太空飞行中担任指令舱飞行员，曾在三次航天飞行任务中担任指挥官。他在太空中的时长为 31 天 2 小时 02 分。——译者注

身为人类

BEING HUMAN

宇航员的太空任务高度协同化，空闲时间对他们来说可是稀罕玩意儿。"阿波罗号"宇航员拉斯蒂·施韦卡特（Rusty Schweickart）❶曾在太空行走时给自己"挤出"了5分钟空闲。

> 望着地球，我心想："我现在的工作就是做回人类，做一个人。"我将宇航员的身份抛在脑后，而成了一个在太空中的人类，"专注于此，沉浸于此，享受于此"。放弃一切抵抗，彻底放松自我。我是一个人，身在太空，眼中是那颗美丽的星球……这一切仿佛是一场颇具哲学意味的哲学洗礼……那5分钟是如此特殊的5分钟。

---

❶ 拉斯蒂·施韦卡特，航空工程师，NASA前宇航员，研究科学家。曾在"阿波罗9号"任务中担任登月舱驾驶员，这是登月舱首次载人测试。在这次任务中，施韦卡特第一次在太空中测试了用于宇航员登月的便携式生命支持系统。他在太空中的时长为10天零1小时。——译者注

艺术地球

EARTH AS A WORK OF ART

从太空俯瞰，地球的洋流和海床就像一座画廊，有些宇航员会深深地爱上这些遥远的地球"画作"。宇航员桑迪·马格努斯是国际空间站的常客，她回忆了自己最爱的景象：

> 在太空中你轻而易举就能观赏到的最美景色是加勒比海。你能看到深浅不一的蓝色，其分布如同彩虹。从翡翠绿到蓝绿色，再到青绿色，再到浅绿色，而后蓝的色调一点点加深变暗，直到颜色极深，那便是大海的极深处。身在太空的你将这所有的一切尽收眼底。那些曲线美极了，而非粗陋的几何线条，它们缠绕盘旋，如同波涛起伏不绝，看上去仿佛一件现代艺术珍品。

自家后院

IN YOUR OWN BACKYARD

　　绝大多数宇航员在太空中待的时间比较短，任务一般只持续一周或两周时间。对于那些在太空中一住数月的人来说，体验则大为不同。宇航员罗恩·加伦（Ron Garan）❶比较了自己在国际空间站的短期和长期旅行。

　　　　你要学习在新环境里如何真正地生活。在执行短期任务时，当你眺望地球，你看到的是一张地球生命的快照。而如果在太空中待上几个月，你才会真正意识到，你正望着一个鲜活的、正在呼吸的有机生命体。在执行短期任务时，我在太空行走时会俯瞰地球，当绝美之景映入眼帘，我会激动不已："啊啊啊，我这是在哪？"在执行长期任务时，我有四五个月的时间随时看往窗外，去太空行走就像是去一趟自家的后院，我再也不会激动地问任何人"我们这是在哪"了。

---

❶ 罗恩·加伦，NASA 宇航员。第一次进入太空是 2008 年作为太空任务专家，搭乘"发现号"航天飞机前往国际空间站。2011 年，他重返国际空间站执行了一次为期 6 个月的任务。他在太空中的时长为 177 天 23 小时 54 分。——译者注

太空行走

SPACEWALK

太空行走虽然激动人心，对宇航员来说，却是一项需要一丝不苟去完成的严峻任务。宇航员唯一可能有机会四处看看的时间，就是当机器出了小故障时，有人去维修的那几分钟。在一次太空行走期间，宇航员克里斯·哈德菲尔德抓住良机，四处张望了一下。

> 我的身体与意识在激烈斗争……从本质上说，我身处一个单人航天飞机里，那就是我的宇航服，它承载着我的小命，我只能靠一只手抓着飞船或空间站。我被莫名其妙地夹在一个中间地带，炫目的大千世界呼啸而过，身边却一片寂静，那个万花筒完完全全地占据了我的意识。就好像世间最美妙之物正在你右手边对着你尖叫，而当你望向左手边，却是无边无际的黑暗宇宙，你看不到底，仿佛有庞然大物正张着血盆大口。你就夹在这中间，想方设法让自己理解这一切，然后尽量干点儿活。

日出景观

SUNRISE

在轨道上，宇航员每90分钟就能欣赏到地球上的一次日出。在宇航员迈克·马兰（Mike Mullane）[1]身处太空的365个小时里，他欣赏了200次日出。

我觉得，如果说有什么景色能令一个人真心觉得美丽至极，那就是看到太阳从地球上升起。设想一下，你正凝望着窗外的一片黑暗——黑暗的地球、黑暗的太空，随后，太阳开始上升，大气层如同一面棱镜,把太阳光分成了七色光,仿佛彩虹一般。最开始如同一条深靛蓝色的睫毛，那里就是地平线，随着太阳不断升高，你便能在彩虹里看到红色、橙色和蓝色了……你永远也看不够这样的景色。

---

[1] 迈克·马兰，工程师，美国空军退休官员，NASA 前宇航员，曾三次执行航天飞机任务。他在太空中的时长为 15 天 5 小时。——译者注

地域之色

LOCAL COLOR

由于每天都处于完全相同的环境中，宇航员们的感官已经习惯了身边那些微妙的变化。有些人可以根据反射进舱内的光线颜色的变化，来判断他们正飞越地球的哪片区域。有些人能够根据云彩的形状，来判断窗外是哪个大洋。有几位宇航员甚至仅仅根据农场的几何形状，就能确认他们正飞越哪个国家的上空。德国宇航员亚历山大·格斯特（Alexander Gerst）[1]曾在太空里发推特说："当来自国际空间站圆顶的光芒把舱内染成橙色，我不用看窗外，便知道我们正飞掠非洲上空。"

---

[1] 亚历山大·格斯特，欧洲空间局宇航员，地理学家。2009年入选欧洲空间局宇航员，曾在 2014 年前往国际空间站执行任务。2018 年夏天，他将再度前往国际空间站，并担任空间站指挥官。——译者注

打嗝妙计

SO YOU CAN BURP IN SPACE

　　失重环境让打嗝在本质上变成了呕吐，不过，宇航员吉姆·纽曼想到了一个妙计，可以把打嗝和呕吐这两件事儿分开。他发现，将身体推离舱壁可以创造一个力来代替重力，让胃里的东西待在原处，他由此获得了一个短暂的打嗝机会，而不是吐出来。纽曼将这个小技巧称为"推嗝"（push and burp）。

WALL

冰晶闪耀

CRYSTAL SPECTACLE

　　地球上的大多数人并不想目睹自己的尿液，但在太空中，尿液却是必看之物。燃料电池和尿液里多余的水经由液体废物排放系统，被排入太空的一片真空之中，然后迅速气化并冻结，形成小块冰晶。吉姆·纽曼描述了他在航天飞机上看见的一幕不可思议的美景："这些向外运动的巨大冰晶流，在太阳的照耀之下熠熠闪光，真是一幕壮观美景。美极了！"

一丸家园

OUR ORNAMENT

有史以来人类在太空中目睹的最壮观景象之一，是 1968 年执行"阿波罗 8 号"任务的宇航员们望向窗外时，看见地球正从月亮上升起。宇航员比尔·安德斯（Bill Anders）[1] 回忆道：

> 那个精美、绚丽多彩的圆球在我看来如同挂在圣诞树上的装饰物，眼见它从月球荒凉丑陋的地平线上升起来……那一幕铭刻在了我的脑海里……而那个看起来像圣诞树装饰物的圆球，其实非常脆弱，并非强大无比……它看似只是宇宙繁星中的小小一颗，却是你我的家园。

---

[1] 比尔·安德斯，美国前空军官员，电力工程师，核工程师，NASA 宇航员。他与"阿波罗 8 号"上的另外两位同事，是第一批离开地球轨道前往月球的人类。他在太空中的时长为 6 天 3 小时。——译者注

未来，属于终身学习者

我这辈子遇到的聪明人（来自各行各业的聪明人）没有不每天阅读的——没有，一个都没有。巴菲特读书之多，我读书之多，可能会让你感到吃惊。孩子们都笑话我。他们觉得我是一本长了两条腿的书。

——查理·芒格

互联网改变了信息连接的方式；指数型技术在迅速颠覆着现有的商业世界；人工智能已经开始抢占人类的工作岗位……

未来，到底需要什么样的人才？

改变命运唯一的策略是你要变成终身学习者。未来世界将不再需要单一的技能型人才，而是需要具备完善的知识结构、极强逻辑思考力和高感知力的复合型人才。优秀的人往往通过阅读建立足够强大的抽象思维能力，获得异于众人的思考和整合能力。未来，将属于终身学习者！而阅读必定和终身学习形影不离。

很多人读书，追求的是干货，寻求的是立刻行之有效的解决方案。其实这是一种留在舒适区的阅读方法。在这个充满不确定性的年代，答案不会简单地出现在书里，因为生活根本就没有标准确切的答案，你也不能期望过去的经验能解决未来的问题。

湛庐阅读APP：与最聪明的人共同进化

有人常常把成本支出的焦点放在书价上，把读完一本书当做阅读的终结。其实不然。

> 时间是读者付出的最大阅读成本
> 怎么读是读者面临的最大阅读障碍
> "读书破万卷"不仅仅在"万"，更重要的是在"破"！

现在，我们构建了全新的"湛庐阅读"APP。它将成为你"破万卷"的新居所。在这里：

- 不用考虑读什么，你可以便捷找到纸书、有声书和各种声音产品；
- 你可以学会怎么读，你将发现集泛读、通读、精读于一体的阅读解决方案；
- 你会与作者、译者、专家、推荐人和阅读教练相遇，他们是优质思想的发源地；
- 你会与优秀的读者和终身学习者为伍，他们对阅读和学习有着持久的热情和源源不绝的内驱力。

从单一到复合，从知道到精通，从理解到创造，湛庐希望建立一个"与最聪明的人共同进化"的社区，成为人类先进思想交汇的聚集地，共同迎接未来。

与此同时，我们希望能够重新定义你的学习场景，让你随时随地收获有内容、有价值的思想，通过阅读实现终身学习。这是我们的使命和价值。

湛庐阅读APP玩转指南

湛庐阅读APP结构图：

12+图书订阅服务
纸质书
有声书
电子书

读什么

怎么读

泛读：一书一课
通读：通识课
精读：精读班

湛庐阅读APP

优秀的读者和终身学习者

与谁共读

跟谁读

作者、译者、专家、推荐人和阅读教练

三步玩转湛庐阅读APP：

读一读 ▾

湛庐纸书一站买，
全年好书打包订

书城

听一听 ▾

泛读、通读、精读，
选取适合你的阅读方式

一书一课
精读班
通识课

扫一扫 ▾

买书、听书、讲书、
拆书服务，一键获取

扫一扫

APP获取方式：
安卓用户前往各大应用市场、苹果用户前往APP Store
直接下载"湛庐阅读"APP，与最聪明的人共同进化！

使用APP扫一扫功能，
遇见书里书外更大的世界！

扫描结果页

千面英雄
作者：[美] 约瑟夫·坎贝尔（Joseph Campbell）

内容简介

[内容简介]
● 约瑟夫·坎贝尔历尽多年搜索阅读了全球各地的神话与...

前往书城购买 ›

快速了解本书内容，
湛庐千册图书一键购买！

一书一课 ›

王煜全：千面英雄——从英雄传奇到...

大咖优质课、
献声朗读全本一键了解，
为你读书、讲书、拆书！

有声书 ›

《千面英雄》·张绍刚（12小时）
著名主持人、中国传媒大学张绍刚倾情献声

《千面英雄》·张绍刚
《千面英雄》·张绍刚倾情演绎

延伸阅读

希腊英雄珀耳修斯 I 《千面英雄...

你想知道的彩蛋
和本书更多知识、资讯，
尽在延伸阅读！

《千面英雄》延伸阅读

延伸阅读

《火星移民指南》

◎ 一场单程旅行，有去无回！如何险中求生，活下来？火星移民，一次全人类探索未知的旅程！

◎ 诺贝尔物理学奖获得者杰拉德·特·胡夫特专文作序！中国首位卡尔·萨根奖得主郑永春重磅译作。

使用"湛庐阅读"APP，"扫一扫"获取本书更多精彩内容

ISBN 978-7-213-08164-4

《星际穿越》

◎ 天体物理学巨擘，引力波项目创始人之一，同名电影科学顾问基普·索恩巨著，媲美霍金《时间简史》。

◎ 国家图书馆"第十一届文津奖"获奖图书。

使用"湛庐阅读"APP，"扫一扫"获取本书更多精彩内容

ISBN 978-7-213-06685-6

《时间重生》

◎ 新时代的爱因斯坦，加拿大圆周理论物理研究所创始人之一，圈量子引力论创始人李·斯莫林颠覆世界之作。

◎ 我们现在如何理解时间，决定了我们如何思考未来。种种美妙的意外，皆源于时间的惊涛骇浪！

使用"湛庐阅读"APP，"扫一扫"获取本书更多精彩内容

ISBN 978-7-213-07852-1

《穿越平行宇宙》

◎ MIT 物理系终身教授，平行宇宙理论世界级研究权威迈克斯·泰格马克近 30 年科学追索，一部让你脑洞大开的宇宙学之作！

◎ 一场关于现代宇宙学的盛大巡礼。关于平行宇宙的所有脑洞，这一本就够了！

使用"湛庐阅读"APP，"扫一扫"获取本书更多精彩内容

ISBN 978-7-213-07980-1

图书在版编目（CIP）数据

太空生存指南 /（美）瓦尔德曼著，斯坦福插图；黄月，苟利军译.
— 杭州：浙江人民出版社，2017.9
ISBN 978-7-213-08379-2

Ⅰ.①太… Ⅱ.①瓦… ②斯… ③黄… ④苟… Ⅲ.①外太
空 – 普及读物 Ⅳ.① V11-49

中国版本图书馆 CIP 数据核字（2017）第 212665 号

上架指导：科普读物 / 宇宙天文

浙 江 省 版 权 局
著作权合同登记章
图字：11-2017-248 号

太空生存指南

[美] 阿里尔·瓦尔德曼　著　布莱恩·斯坦福　插图
黄　月　苟利军　译

出版发行：浙江人民出版社（杭州体育场路 347 号　邮编　310006）
　　　　　市场部电话：（0571）85061682　85176516
集团网址：浙江出版联合集团　http://www.zjcb.com
责任编辑：蔡玲平
责任校对：戴文英
印　　刷：河北鹏润印刷有限公司
开　　本：880mm × 1230mm 1/32　　　印　　张：5.375
字　　数：116 千字　　　　　　　　　　插　　页：1
版　　次：2017 年 9 月第 1 版　　　　　印　　次：2017 年 9 月第 1 次印刷
书　　号：ISBN 978-7-213-08379-2
定　　价：59.90 元

如发现印装质量问题，影响阅读，请与市场部联系调换。